BEI GRIN MACHT SICH IHR WISSEN BEZAHLT

AF157165

- Wir veröffentlichen Ihre Hausarbeit, Bachelor- und Masterarbeit

- Ihr eigenes eBook und Buch - weltweit in allen wichtigen Shops

- Verdienen Sie an jedem Verkauf

Jetzt bei www.GRIN.com hochladen und kostenlos publizieren

GRIN

Christian Falk

Aus der Reihe: e-fellows.net schüler-wissen

e-fellows.net (Hrsg.)

Band 32

Zahlentheorie und Strings. Mathematik in Tabellenkal-kulationssystemen

GRIN Verlag

Bibliografische Information der Deutschen Nationalbibliothek:

Die Deutsche Bibliothek verzeichnet diese Publikation in der Deutschen National-
bibliografie; detaillierte bibliografische Daten sind im Internet über http://dnb.d-
nb.de/ abrufbar.

Dieses Werk sowie alle darin enthaltenen einzelnen Beiträge und Abbildungen
sind urheberrechtlich geschützt. Jede Verwertung, die nicht ausdrücklich vom
Urheberrechtsschutz zugelassen ist, bedarf der vorherigen Zustimmung des Verla-
ges. Das gilt insbesondere für Vervielfältigungen, Bearbeitungen, Übersetzungen,
Mikroverfilmungen, Auswertungen durch Datenbanken und für die Einspeicherung
und Verarbeitung in elektronische Systeme. Alle Rechte, auch die des auszugsweisen
Nachdrucks, der fotomechanischen Wiedergabe (einschließlich Mikrokopie) sowie
der Auswertung durch Datenbanken oder ähnliche Einrichtungen, vorbehalten.

Impressum:

Copyright © 2013 GRIN Verlag GmbH
Druck und Bindung: Books on Demand GmbH, Norderstedt Germany
ISBN: 978-3-656-59091-0

Dieses Buch bei GRIN:

http://www.grin.com/de/e-book/267884/zahlentheorie-und-strings-mathematik-in-
tabellenkalkulationssystemen

GRIN - Your knowledge has value

Der GRIN Verlag publiziert seit 1998 wissenschaftliche Arbeiten von Studenten, Hochschullehrern und anderen Akademikern als eBook und gedrucktes Buch. Die Verlagswebsite www.grin.com ist die ideale Plattform zur Veröffentlichung von Hausarbeiten, Abschlussarbeiten, wissenschaftlichen Aufsätzen, Dissertationen und Fachbüchern.

Besuchen Sie uns im Internet:

http://www.grin.com/

http://www.facebook.com/grincom

http://www.twitter.com/grin_com

Finsterwalder-Gymnasium
Rosenheim

Abiturjahrgang
2014

SEMINARARBEIT

im W-Seminar Mathematik

Thema:

Mathematik mit Tabellenkalkulationen
- Zahlentheorie und Strings -

Verfasser: Christian Falk

Abgabetermin: 12.11.2013

Schriftliche Arbeit: **Präsentation:**

Erzielte Punkte: ....

In Worten: ....

Gesamtergebnis:

Erzielte Punkte: ....

In Worten: ....

Unterschrift des Kursleiters: ....

Inhaltsverzeichnis

1. Einführung in verschiedene Stellenwertsysteme

1.1 Entstehung und Verwendung verschiedener Zahlensysteme

Wenn wir heutzutage etwas abzählen, berechnen oder messen wollen, so geschieht dies im Normalfall fast ausschließlich durch die Darstellung einer oder mehrerer Zahlen im sogenannten *Dezimalsystem* oder *Zehnersystem*, einem *Stellenwertsystem*, also mithilfe der zehn Ziffern 0...9. Jedoch ist diese so bekannte und weit verbreitete Art der Darstellung von Zahlen bei weitem nicht das einzig denkbare und in der Praxis Anwendung findende System. Doch wie kommt es also, dass sich eben dieses System fast überall auf der Welt so großer Bekannt- und Beliebtheit erfreut, warum liegen ihm ausgerechnet zehn Ziffern zugrunde und welche weiteren Systeme gibt es?

Hinweise auf Vorläufer des heutigen Dezimalsystems finden sich bereits bei bronzezeitlichen Kulturen wie der Minoischen, der frühesten Hochkultur Europas (ca. 1500 v. Chr.). Dort wurden verschiedene Symbole zur Darstellung der Stufenzahlen 1, 10, 100 und 1000 verwendet. Diese Stufenzahlen als Potenzen von 10 beruhen auf der Tatsache, dass die menschliche Hand zehn Finger besitzt und das Abzählen an diesen zur menschlichen Gewohnheit geworden war. Eine Zahl konnte somit durch Kombination von einem oder mehreren Symbolen pro Stufenzahl dargestellt werden, beispielsweise ergibt sich die Zahl 2013 aus einer Aneinanderreihung von zwei „Tausender"-Symbolen, einem „Zehner"-Symbol und drei „Einer"-Symbolen. Diese Zahlen wurden dann für einfache Rechnungen und Zählungen sowie Handelsgeschäfte genutzt (nach [1]).

Weiterentwickelt wurde das Dezimalsystem schließlich in Indien im 5. Jahrhundert n. Chr., als das bestehende System um die nun neu eingeführten Ziffern 0...9 zu einem *Stellenwertsystem* ergänzt wurde. Im Gegensatz zur bisherigen Methode, bei der die einzelnen Stellen noch keine Werte besaßen (diese wurden lediglich durch die Anzahl gleicher Symbole dargestellt), konnten nun die Werte der einzelnen Stellen durch die neu entwickelten Ziffern ausgedrückt werden. Verbreitung fand diese neuartige Zahlendarstellung zunächst durch den arabischen Mathematiker *Al-Chwarizmi* [2], der ein Buch über das neue indische Zahlensystem und dessen Rechenregeln veröffentlichte und es somit im arabischen Raum bekannt machte. Im europäischen Raum verbreitet wurde es im 13. Jahrhundert durch *Leonardo von Pisa*, genannt *Fibonacci*, sowie im 16. Jahrhundert durch den Mathematiker und „Rechenmeister" *Adam Ries* (nach [3, S. 338] sowie [1]).

Ein weiteres historisches und heute bekanntes Zahlensystem ist das *Vigesimalsystem* der Maya, das auf der Basis 20 beruht und somit 20 verschiede Ziffern zur Verfügung stellt (0...19), die jeweils durch eine Kombination aus Punkten und Strichen bzw. durch eine stilisierte Muschel für die Zahl Null dargestellt werden. Die Verwendung der Zahl 20 als Basis lässt sich womöglich mit der Zuhilfenahme der zehn Zehen (zusätzlich zu den zehn Fingern) für Zählvorgänge erklären. Da in diesem „Zwanzigersystem" vergleichsweise große Zahlen relativ einfach dargestellt werden konnten, eignete es sich hervorragend für die bis heute geschätzten astronomischen Berechnungen der Maya. Aufgrund der Abgeschiedenheit dieses Volkes fand ihr Zahlensystem jedoch keine weitere Verbreitung (nach [3, S. 336] sowie [4]).

Ein Stellenwertsystem, das etwas später zu großer Bekanntheit gelangt ist, ist das sogenannte *Binärsystem*, auch *Dualsystem* oder *Zweiersystem* genannt, dessen Ursprünge sich zwar wiederum bereits in Indien bzw. bei dem Leipziger Mathematiker *Gottfried Wilhelm Leibniz* (1646 - 1716, siehe [5]) finden lassen, dessen erster wirklich praktischer Einsatz jedoch erst 1941 in dem von *Konrad Zuse* (1910 - 1995) entwickelten universell programmierbaren Rechner des Modells Z3 stattfand. Das Binärsystem basiert dabei auf der Zahl 2, zur Darstellung einer Zahl stehen folglich die beiden Ziffern 0 und 1 zur Verfügung. Da sich durch diese Ziffern in elektronischen Schaltungen die beiden Zustände „elektrische Spannung" (1) sowie „keine elektrische Spannung" (0) realisieren lassen, bildet das Binärsystem heute (abgesehen von wenigen Ausnahmen) die Grundlage für jegliche digitale Informationsverarbeitung (siehe [3, S. 128, S. 341]).

1.2 Allgemeine Darstellung einer Zahl im Zahlensystem

Doch wie genau funktioniert nun die Darstellung einer Zahl in einem Stellenwertsystem? Sei zunächst eine Dezimalzahl z_1 = 2013 gegeben, so ist uns intuitiv klar, dass dies genau genommen eine abkürzende Schreibweise für den Term

$$z_1 = (3\cdot1) + (1\cdot10) + (0\cdot100) + (2\cdot1000)$$

oder mit Potenzen der Basis 10 formuliert

$$z_1 = (3\cdot10^0) + (1\cdot10^1) + (0\cdot10^2) + (2\cdot10^3)$$

ist (die Klammersetzung dient in beiden Fällen lediglich der besseren Veranschaulichung der Summanden).

Man sieht, dass die Basis des Stellenwertsystems (hier 10) gleichzeitig die Basis der Potenzen bildet und der Exponent je nach Stelle in- bzw. dekrementiert wird. Gleiches gilt auch für Dezimalbrüche unter Hinzunahme von negativen ganzzahligen Exponenten, so ist beispielsweise die Zahl z_2 = 12,84 eine abkürzende Schreibweise für den Term:

$$z_2 = (4\cdot\frac{1}{100}) + (8\cdot\frac{1}{10}) + (2\cdot1) + (1\cdot10)$$

Wiederum mithilfe von Potenzen der Basis 10 formuliert:

$$z_2 = (4\cdot10^{-2}) + (8\cdot10^{-1}) + (2\cdot10^0) + (1\cdot10^1)$$

Bringt man dieses Prinzip zur Verallgemeinerung, so ergibt sich für eine Zahl z im Dezimalsystem

4

$$z = \pm \sum_{i=-m}^{n} k_i \cdot 10^i \qquad m, n \in \mathbb{N} \qquad k_i \in \{0, 1, 2, \ldots, 9\}$$

wobei zwischen k_0 und k_{-1} ein Trennzeichen, je nach Sprachraum meist ein Komma oder ein Dezimalpunkt, zur eindeutigen Kennzeichnung verwendet wird (nachfolgend wird hierfür vereinfachend die Bezeichnung „Komma" gebraucht). Hierbei bezeichnet 10^i den Stellenwert, k_i die jeweilige Ziffer (nach [6] sowie [7, S. 49]).

Verallgemeinert man diese Summe wiederum für ein Stellenwertsystem zur Basis B (≥ 2), so ergibt sich für eine Zahl z_B in diesem System analog die Darstellung:

$$z_B = \pm \sum_{i=-m}^{n} k_i \cdot B^i \qquad m, n \in \mathbb{N} \qquad k_i \in \{0, 1, \ldots, B-1\}$$

Ist die verwendete Basis $B > 10$, geht also die Ziffernfolge über 9 hinaus, so wird diese üblicherweise durch Buchstaben des Alphabetes ergänzt (A entspricht 10, B entspricht 11 usw.).

1.3 Umrechnung zwischen verschiedenen Stellenwertsystemen

Unter Verwendung dieser verallgemeinerten Darstellung ist es nun einfach, eine Zahl zu einer beliebigen Basis B in eine Dezimalzahl umzurechnen. Dazu wird je Stelle der Ziffernwert der Stelle mit ihrem Stellenwert, d.h. mit der Potenz der Basis B und dem Exponenten entsprechend der jeweiligen Stelle, multipliziert und schließlich die Summe über diesen Produkten gebildet. Als Beispiel wird die Binärzahl 100111 in ihre dezimale Darstellung (39) umgerechnet. Dies soll in der nachfolgenden Abbildung veranschaulicht werden.

Ziffernwert	1	0	0	1	1	1	
Stellenwert	2^5	2^4	2^3	2^2	2^1	2^0	
Produkt	32	0	0	4	2	1	39

Abb. 1 Umrechnung einer Binärzahl in das Dezimalsystem

Aus Abb. 1 ist ersichtlich, dass gilt: $[100111]_2 = [39]_{10}$, wobei die Zahl im Index die Basis des jeweiligen Stellenwertsystems angibt (nach [7, S. 48 ff.]).

Auch für die Transformation der Darstellung einer Zahl im Dezimalsystem in ein anderes System gibt es eine einfache Möglichkeit, nachfolgend sollen die Dezimalzahlen 365 und 0,15 in das sogenannte Hexadezimalsystem (Basis 16, hierfür wird die gewohnte Ziffernfolge 0...9 um die Buchstaben A...F in lexikalisch aufsteigender Reihenfolge ergänzt) umgewandelt werden. Zunächst hilft dabei die Überlegung, dass sich bei einer Zahl nach Multiplikation mit der Basis das Komma um eine Stelle nach rechts verschiebt, nach Division durch die Basis wiederum um eine Stelle nach links. Wiederholt man diesen Vorgang sukzessive mit der Basis des Zielsystems, so erhält man mit den Resten der Division (für Vorkommastellen) bzw. mit den Überläufen der Multiplikation (für Nachkommastellen) die gesuchten Ziffernwerte für die jeweiligen Stellen im Zielsystem. Dieser Vorgang ist für die beiden Dezimalzahlen 365 und 0,15 in Abb. 2 bzw. Abb. 3 dargestellt (nach [7, S.50]).

	Division durch 16	Divisionsrest
365	22	D
22	1	6
1	0	1
	16D	

Abb. 2 Umrechnung von $[365]_{10}$ in das Hexadezimalsystem

	Multiplikation mit 16	Überlauf	
0,15	0,4	2	
0,4	0,4	6	
0,4	0,4		6
		$0,2\overline{6}$	

Abb. 3 Umrechnung von $[0,15]_{10}$ in das Hexadezimalsystem

Bei der Umwandlung von 0,15 in Abb. 3 wird deutlich, dass sich das Multiplikationsergebnis 0,4 sowie der Überlauf 6 wiederholen, folglich ergibt sich in der hexadezimalen Darstellungsform die periodische Zahl $2,\overline{6}$.
Mithilfe von Kombination der in Abb. 2 sowie Abb. 3 veranschaulichten Methoden lässt sich nun auch die Dezimalzahl 365,15 in das Hexadezimalsystem umwandeln. Analog zu dieser Darstellung ist auch die Darstellung im Zielsystem eine Summe der Vor- und Nachkommastellen, also 365,15 = 365 + 0,15.

Die beiden Zahlen 365 und 0,15 können folglich ebenso im Zielsystem einfach addiert werden. Es ergibt sich daher die folgende Form:
$[365,15]_{10} = [16D]_{16} + [0,2\overline{6}]_{16} = [16D,2\overline{6}]_{16}$

In Tabelle 1 „Stellenwertsysteme" lässt sich eine wählbare ganze Zahl in Dezimaldarstellung in Zelle B6 in das Hexadezimalsystem (Zelle C6, Basis 16), das Binärsystem (Zelle D6, Basis 2), das Oktalsystem (Zelle E6, Basis 8) sowie in ein Stellenwertsystem (Zelle F6) zu einer wählbaren Basis in Zelle F4 zwischen 2 und 36 (es können lediglich die 10 Ziffern des Dezimalsystems plus 26 Buchstaben zur Darstellung verwendet werden) umwandeln.
Dabei werden entsprechend die nativen Funktionen DEZINHEX(), DEZINBIN() sowie DEZINOKT() verwendet, die als ersten Parameter eine Dezimalzahl erwarten. Ist diese negativ, so wird zusätzlich das erste Bit von links zur Darstellung des Vorzeichens verwendet. Als optionaler zweiter Parameter steht die Angabe der Anzahl darzustellender Zeichen zur Verfügung.

In Zelle F6 wird die Formel BASIS() verwendet, wobei die ersten beiden Parameter zunächst die umzuwandelnde Dezimalzahl und dann die Basis des neuen Stellenwertsystems erwarten. Als Basis sind wiederum Werte zwischen 2 und 36 erlaubt. Der optionale dritte Parameter gibt die Mindestlänge der Darstellung an.

6

In der nachfolgenden Abbildung ist das entsprechende Tabellendokument dargestellt, hierbei wird die in Zelle B6 eingegebene Dezimalzahl 100 in das Hexadezimal-, das Binär- und das Oktalsystem sowie in das System zur Basis 36 umgerechnet.

Hier, wie auch in den weiteren Tabellen, sind frei wählbare Zellen grün gefärbt, die Zellen zur Ausgabe eines Ergebnisses besitzen eine hellblaue Färbung.

Die Tabellenbezeichnungen und -nummern beziehen sich auf die beiliegende Datei „Zahlentheorie und Strings.ods"

	B	C	D	E	F
1					
2					
3	Dezimal	Hexadezimal	Binär	Oktal	Basis B mit 1 < B < 37
4					36
5					
6	100	64	1100100	144	2S
7					

Abb. 4 Umrechnung zwischen verschiedenen Zahlensystemen
am Beispiel der Dezimalzahl 100

2. Größter gemeinsamer Teiler und kleinstes gemeinsames Vielfaches

2.1 Größter gemeinsamer Teiler zweier Zahlen

2.1.1 Definition und Bestimmung durch Primfaktorzerlegung

Eine weitere Thematik, die in der Zahlentheorie Anwendung findet, ist die Bestimmung des größten gemeinsamen Teilers zweier natürlicher Zahlen a und b, kurz $ggT(a,b)$.

Definiert ist dieser als größtes Element der Schnittmenge der beiden Teilermengen von a und b, also:

$$ggT(a,b)=max(T_a \cap T_b) \qquad mit\ a, b \in \mathbb{N}$$

Sind zwei Zahlen a_0 und b_0 gegeben, so dass gilt $ggT(a_0,b_0) = 1$, so nennt man a_0 und b_0 *teilerfremd* oder *prim* zueinander.
Aus der obigen Definition folgt:

$$ggT(1,b)=1 \quad da \quad T_1=\{1\} \quad und\ somit\ auch \quad T_1 \cap T_b=\{1\}$$

Diese Definitionen können für beliebig viele natürliche Zahlen verallgemeinert werden:

$$ggT(a_0,a_1,a_2,...,a_n)=max(T_{a_0} \cap T_{a_1} \cap T_{a_2} \cap ... \cap T_{a_n})$$
$$mit\ a_0,a_1,a_2,...,a_n \in \mathbb{N}$$

Wie lässt sich nun der ggT zweier natürlicher Zahlen bestimmen?
Eine Möglichkeit der Berechnung bietet die Primfaktorzerlegung beider Zahlen.
Der größte gemeinsame Teiler ist dann das Produkt aus den in beiden Zerlegungen gemeinsam vorkommenden Faktoren in ihrer kleinsten vorkommenden Potenz.
Ein Beispiel:
Gesucht sei ggT(735,126), die Primfaktorzerlegung beider Zahlen lautet

$$735=3^1 \cdot 5^1 \cdot 7^2$$
$$sowie$$
$$126=2^1 \cdot 3^2 \cdot 7^1$$

Aus der oben beschriebenen Vorgehensweise erhält man

$$ggT(735,126)=3^1 \cdot 7^1=21$$

Zwar führt dieses Verfahren zum Ziel, jedoch wurde bisher noch kein effizientes Verfahren der Primfaktorzerlegung entdeckt (siehe [8]), was zur Folge hat, dass

8

diese und somit die Berechnung des ggT besonders für größere Zahlen entsprechend rechenaufwendig ist (nach [9, S. 64 ff.]).

2.1.2 Der Euklidische Algorithmus

Eine weitere Methode zur Ermittlung des ggT geht auf den griechischen Mathematiker *Euklid* im 3. Jahrhundert v. Chr. zurück. In einem seiner Werke, den *Elementen*, beschreibt er den später nach ihm benannten *Euklidischen Algorithmus*.

Dieser reduziert das Problem des ggT zweier natürlicher Zahlen *a* und *b* rekursiv und sukzessive auf den ggT kleinerer Zahlen, bis die Rekursion abbricht und der ggT gefunden ist.

Dazu dividiert man zunächst die größere der beiden Zahlen *a* (es sei *a* > *b*) durch die kleinere Zahl *b* mit Rest *r*.

Es gilt also:

$$a = k \cdot b + r \qquad \text{oder auch} \qquad r = a - k \cdot b$$

Sei nun *n* ein gemeinsamer Teiler von *a* und *b*, also

$$a = n \cdot a_0 \qquad \text{und} \qquad b = n \cdot b_0$$

so ist *n* auch Teiler von *r*:

$$
\begin{aligned}
r &= a - k \cdot b \\
&= n \cdot a_0 - k \cdot n \cdot b_0 \\
&= n \cdot (a_0 - k \cdot b_0)
\end{aligned}
$$

Da nun *n* gemeinsamer Teiler von *a*, *b* und *r* ist, sieht man, dass sich somit das Problem des *ggT(a,b)* auf *ggT(b,r)* reduziert (mit *b* < *a* und *r* < *b*). Führt man diesen Vorgang analog weiter, ergibt sich der größte gemeinsame Teiler von *a* und *b* als letzter nichtverschwindender Rest der Division.

Die dazu formulierte Rekursionsvorschrift für zwei natürliche Zahlen *a* und *b* lautet:

$$r_i = r_{i-2} \bmod r_{i-1}$$
$$\text{mit} \quad r_0 := a \quad \text{und} \quad r_1 := b$$

Falls r_i = 0, das heißt falls die Abbruchbedingung der Rekursion erfüllt ist, so ist r_{i-1} der ggT(a,b) (nach [7, S. 93]).

In Tabellenkalkulationsprogrammen steht zur Berechnung die Funktion GGT() bereit, die zwei Zahlen als Parameter akzeptiert und den ggT der beiden Zahlen als Rückgabewert liefert. In Tabelle 2 „ggT und kgV" kann der ggT zweier Zahlen in den Zellen D5 und E5 mithilfe des Euklidischen Algorithmus berechnet werden. Dazu wird zunächst die größere der beiden Zahlen mithilfe der Funktion MAX() in Zelle F5 übertragen, analog dazu die kleinere Zahl unter Verwendung der Funktion MIN() in Zelle F6.

Sukzessive wird nun in der Spalte F der Rest der Division der Zahlen der vorhergehenden beiden Zellen berechnet, im Falle von 0 bleibt das Feld aufgrund einer Fallunterscheidung leer, die Rekursion bricht ab. Die letzte (und somit kleinste positive) Zahl in Spalte F ist folglich der ggT der beiden Zahlen, dieser wird wiederum in Zelle G4 mittels der Funktion MIN() bestimmt und angezeigt. Ist der ggT gleich 1, handelt es sich also um teilerfremde Zahlen, so wird diese Information in Zelle H4 angezeigt.

2.1.3 Anwendung: Vollständiges Kürzen von Brüchen

Eine mögliche mathematische Anwendung des ggT stellt das *vollständige Kürzen* von Brüchen dar. Dabei wird der größte gemeinsame Teiler von Zähler und Nenner bestimmt und der Bruch damit gekürzt. Nach diesem Vorgang sind Zähler und Nenner teilerfremd und der Bruch damit in seiner vollständig gekürzten Form.
In Tabelle 2 „ggT und kgV" steht ebenfalls die Möglichkeit des vollständigen Kürzens zur Verfügung. Der Bruch mit Zähler z_0 (Zelle K6) und Nenner n_0 (Zelle M6) kann beliebig gewählt oder auch mithilfe des Makros „Übertragen" aus Zelle D5 bzw. E5 übertragen werden. Zähler und Nenner werden nun jeweils durch ihren ggT geteilt, wodurch ein neuer Bruch mit Zähler z_1 (Zelle K9) und Nenner n_1 (Zelle M9) entsteht. Dieser ist nun vollständig gekürzt, zusätzlich wird in Zelle N9 die entsprechende Dezimalzahl angezeigt.
Die folgende Abbildung zeigt die Tabelle:

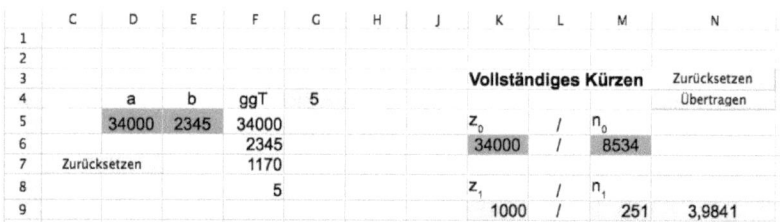

Abb. 5 Berechnung des ggT und vollständiges Kürzen

2.2 Kleinstes gemeinsames Vielfaches zweier Zahlen

2.2.1 Definition und Bestimmung durch Primfaktorzerlegung

Das mathematische Gegenstück zum ggT ist das *kleinste gemeinsame Vielfache* zweier natürlicher Zahlen a und b, das kgV.
Es ist definiert als kleinstes Element der Schnittmenge der Vielfachenmengen der Zahlen a und b, also:

$$kgV(a,b)=min(V_a \cap V_b)$$

Zur Bestimmung des kgV wird wiederum die Methode der Primfaktorzerlegung auf beide Zahlen angewandt. Das kgV berechnet sich nun aus dem Produkt aller mindestens in einer der beiden Zerlegungen vorkommenden Primfaktoren in deren größten vorkommenden Potenz.

Analog zum ggT kann auch dieses Prinzip für das kleinste gemeinsame Vielfache beliebig vieler natürlicher Zahlen verallgemeinert werden (nach [9, S. 64 ff.]).

2.2.2 Anwendung: Hauptnenner zweier Brüche

Auch das kgV findet wiederum in der Bruchrechnung Anwendung, speziell bei der Addition zweier Brüche mit unterschiedlichen Nennern. Hierbei werden die Brüche durch Erweiterung auf den sogenannten *Hauptnenner*, das kleinste gemeinsame Vielfache der beiden Nenner, gebracht und können somit einfach addiert werden. Dabei werden die beiden Zähler addiert und der Hauptnenner beibehalten, anschließend kann eventuell gekürzt werden.

2.3 Mathematischer Zusammenhang zwischen ggT und kgV

Das kgV und der ggT zweier natürlicher Zahlen a und b stehen nach folgender Formel in Zusammenhang:

$$kgV(a,b) \cdot ggT(a,b) = a \cdot b$$

Das Produkt aus ggT und kgV von a und b ist also gleich dem Produkt der beiden Zahlen selbst. Somit lässt sich das kgV bzw. der ggT nach Kenntnis der jeweils anderen Größe berechnen (siehe [9, S. 69f.]).

3. Folgen und Reihen

3.1 Definition und Eigenschaften von Folgen und Reihen

Bei der Arbeit mit Tabellenkalkulationssystemen begegnet man oft Folgen von Zahlen, beispielsweise bei Approximationsverfahren von verschiedenen irrationalen Zahlen.
Dabei wird einem ganzzahligen positiven bzw. nichtnegativen Index (in manchen Fällen beginnt man die Zählung auch mit dem Index 0) eine reelle Zahl zugeordnet, bei einer Folge handelt es sich dementsprechend um eine Funktion der Form

$$a : \mathbb{N}_{(0)} \to \mathbb{R}, \quad n \to a_n$$

mit n Index und a_n Gliedern der Folge.
Da diese allgemeine Darstellung noch wenig Aussagekraft besitzt, ist eine Vorschrift zur Bildung des Gliedes zu einem bestimmten Index notwendig, das sogenannte Bildungsgesetz der Folge. Ist dieses abhängig von vorherigen Gliedern, so heißt es rekursiv.
Ein Beispiel:
Aus dem Bildungsgesetz

$$a_n = \frac{1}{n}$$

ergeben sich die Glieder

$$1, \frac{1}{2}, \frac{1}{3}, \frac{1}{4}, \dots$$

für n = 1,2,3,..., also eine Folge von Stammbrüchen mit aufsteigendem natürlichen Nenner.
Besitzt eine Folge a den reellen Grenzwert g, so ist sie konvergent gegen g. Dies ist der Fall, wenn für eine beliebig kleine positive Zahl ε ein Index existiert, so dass alle Glieder mit größerem Index in $(g\text{-}\varepsilon;g\text{+}\varepsilon)$ liegen, also um ε oder weniger von g abweichen. Ist eine Folge nicht konvergent, so heißt diese divergent (nach [7, S.173 ff.]).

Eine spezielle Folge ist die sogenannte *Fibonacci-Folge*, die dem folgenden Bildungsgesetz unterliegt:

$$a_n = a_{n-2} + a_{n-1} \quad \text{mit } a_0 = 0 \quad, \quad a_1 = 1$$

Das n-te Folgenglied a_n ergibt sich also als Summe der beiden Vorgängerglieder a_{n-2} und a_{n-1}. Dementsprechend sind die ersten Glieder der *Fibonacci-Folge*:

$$0,1,1,2,3,5,8,13,21,34,55,89,\dots$$

In der Tabelle 3 „Fibonacci-Folge" wird in Spalte B bzw. C das *n-te* Glied der Folge berechnet. In Spalte B wird dazu die Summe der beiden vorhergehenden Zellenwerte berechnet, in Spalte C erfolgt die Berechnung mithilfe der folgenden Makrofunktion:

```
Function FIBONACCI (n)
If n = 0 Or n = 1 Then
        Fibonacci = n
Else Fibonacci = Fibonacci(n-2) + Fibonacci (n-1)
Endif
End Function
```

Ähnlich zu Folgen finden auch *Reihen* häufige Anwendung, womit man den folgenden Ausdruck meint, eine Reihe ist also eine spezielle Folge von Teil- oder Partialsummen:

$$\sum_{i=0}^{\infty} a_i = a_0 + a_1 + a_2 + a_3 + \dots$$

Geht der Laufindex *i* lediglich bis zu einer natürlichen Zahl *n*, so spricht man von der *n-ten* Partial- oder Teilsumme s_n:

$$s_n = \sum_{i=0}^{n} a_i = a_0 + a_1 + a_2 + a_3 + \dots + a_n$$

Analog zu den Folgen heißt eine Reihe konvergent gegen einen Grenzwert *g*, wenn die Folge der Partialsummen dieser Reihe gegen *g* konvergiert. Man nennt *g* dann den Wert bzw. die Summe der Reihe.

3.2 Geometrische Reihen

Eine spezielle Form der Reihen sind *geometrische Reihen*, diese haben die Form

$$\sum_{i=0}^{\infty} a_0 \cdot k^i = a_0 \cdot \sum_{i=0}^{\infty} k^i$$

Man sieht also, dass zwei beliebige benachbarte Glieder quotientengleich sind. Ihr Partialsummenfolge s_n lässt sich folglich ausdrücken als Gleichung (*I*):

$$(I) \qquad s_n = a_0 \cdot \left(1 + k + k^2 + k^3 + \dots + k^n\right)$$

Multipliziert man beide Seiten der Gleichung mit *k*, so erhält man eine zweite Gleichung (*II*):

$$(II) \qquad s_n \cdot k = a_0 \cdot \left(k + k^2 + k^3 + k^4 + \dots + k^{n+1}\right)$$

Subtrahiert man nun Gleichung (*II*) von Gleichung (*I*), so ergibt sich wiederum eine neue Gleichung (*III*):

$$(III) \quad \begin{aligned} s_n - s_n \cdot k &= a_0 \cdot \left(1 + k + k^2 + \dots + k^n\right) - a_0 \cdot \left(k + k^2 + k^3 + \dots + k^{n+1}\right) \\ s_n \cdot (1 - k) &= a_0 \cdot \left(1 - k^{n+1}\right) \\ s_n &= a_0 \cdot \frac{1 - k^{n+1}}{1 - k} \quad \text{für } k \neq 1 \end{aligned}$$

(siehe [7, S. 187])

Die somit entstandene Summenformel für geometrische Reihen ist lediglich für für $k \neq 1$ definiert, jedoch lässt sich auch leicht ein Term für $k = 1$ bestimmen (der Faktor a_0 wird zur einfacheren Betrachtung als 1 angenommen):

$$s_n = \sum_{i=0}^{n} 1^i = 1^0 + 1^1 + 1^2 + \dots + 1^n = n + 1$$

Des Weiteren können anhand der genannten (Partial-) Summenformel Konvergenz- bzw. Divergenzkriterien für $n \to \infty$ aufgestellt werden:

$$\lim_{n \to \infty} \frac{1 - \overbrace{k^{n+1}}^{\to 0}}{1 - k} = \frac{1}{1 - k} \quad \text{für } |k| < 1$$

Die geometrische Reihe konvergiert also für $|k| < 1$. Per Definition ist sie somit für $|k| \geq 1$ divergent.

In Tabelle 4 „Geometrische Reihen" lässt sich der Wert, das Verhalten sowie die n-te Partialsumme einer solchen geometrischen Reihe bestimmen. Für das Verhalten in Zelle C11 wird der Betrag von k und der Koeffizient a_0 untersucht. Ist $|k| < 1$ oder $a_0 = 0$, so ist die Reihe konvergent, andernfalls divergent. Für den Wert der Reihe wird zunächst überprüft, ob dieser endlich ist, wenn ja, wird er nach der oben genannten Formel für den Grenzwert berechnet, andernfalls wird das Zeichen „∞" ausgegeben. Die n-te Partialsumme berechnet sich analog mithilfe der genannten Partialsummenformel. Abbildung 6 zeigt die Eingabemaske:

$a_0 \cdot \sum_{i=0}^{\infty} k^i$	bzw. Partialsumme	$s_n = a_0 \cdot \sum_{i=0}^{n} k^i$
a_0:	1	
k:	0,5	
n:	10	
Verhalten:	konvergent	
Wert:	2	
n-te Partialsumme s_n:	1,999023438	

Abb. 6 Berechnung von geometrischen Reihen

14

4. Strings in Tabellenkalkulationsprogrammen

4.1 Definition und Darstellung von Strings

In Tabellenkalkulationssystemen nehmen nicht nur rein zahlentheoretische, sondern auch Text- oder Stringfunktionen einen großen Teil der nativen Funktionspalette ein. Die zu verarbeitenden Daten dieser Funktionen sind folglich keine Zahlen, sondern vom Datentyp String.

Dieser Typ repräsentiert eine Kette von einzelnen Zeichen, die Länge L eines Strings ist dabei definiert als die Gesamtzahl seiner Zeichen, welche (in Leserichtung von links nach rechts) von 0 bis L-1 nummeriert werden, was eine eindeutige Adressierung eines Zeichens innerhalb eines Strings ermöglicht. So sind beispielsweise „abcdef", „Haus" und „2013", aber auch „" (ein *leerer* String der Länge 0) Strings.

Um mithilfe von Computern Strings darzustellen, ist zunächst eine genau definierte Umrechnung eines Zeichens in eine Zahl nötig, dabei helfen internationale Standards wie der *American Standard Code for Information Interchange*, kurz *ASCII*. Diese Standards bieten eine Abbildungsvorschrift zur Umrechnung Zeichen ↔ Zahl, beispielsweise:

$$ASCII('A') = 65$$
$$ASCII('\#') = 35$$

In Tabellenkalkulationsprogrammen kann diese Umwandlung unter Zuhilfenahme der Funktionen ZEICHEN() und CODE(), welche jeweils eine Zahl bzw. ein Zeichen als Parameter erwarten, erfolgen.

Auf Grundlage dieser numerischen Entsprechung eines Zeichens können einzelne Zeichen nun in eine Größenrelation gesetzt werden, sie können also lexikalisch geordnet werden. So gilt beispielsweise (siehe [10]):

$$'f' > 'a' \quad da \quad ASCII('f') = 102 \quad und \quad ASCII('a') = 97$$

4.2 Einführung in eine Auswahl nützlicher Textfunktionen

In Tabellenkalkulationen stehen nun diverse Funktionen zur Suche, Sortierung, Vergleich, Bearbeitung und Umwandlung von Strings zur Verfügung, nachfolgend sollen einige dieser Standard-Funktionen näher erläutert werden.

Die Funktionen KLEIN() bzw. GROSS() wandeln alle Zeichen des übergebenen Strings in Klein- bzw. Großbuchstaben um. Eine Möglichkeit, dies mithilfe des ASCII-Zeichensatzes zu bewerkstelligen, ist, zunächst für jedes Zeichen des Strings iterativ zu prüfen, ob es sich um einen Groß- bzw. Kleinbuchstaben handelt, was den ASCII-Intervallen [65;90] für Großbuchstaben und [97;122] für Kleinbuchstaben entspricht. Hieraus ist ebenfalls zu erkennen, dass die Differenz zwischen 'A' und 'a' (und somit auch zwischen allen anderen Groß-/Kleinbuchstabenentsprechungen) 97 - 65 = 32 beträgt. Die Umwandlung in Klein- bzw. Großbuchstaben kann nun einfach durch Addition des Zeichencodes zu 32 bzw. Subtraktion von 32 vom entsprechenden Zeichencode geschehen. Folgende Abbildung stellt die Vorgehensweise für die Funktion GROSS() als Struktogramm im Pseudocode dar:

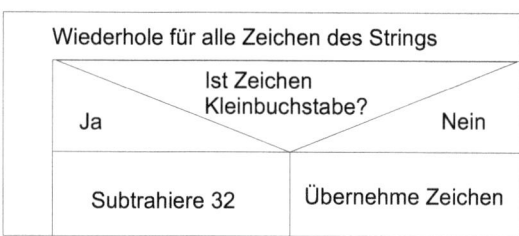

Abb. 7 Struktogramm der Funktion GROSS() im Pseudocode

Sehr nützlich im Umgang mit Strings kann auch die Kombination der Funktionen SUCHEN() bzw. FINDEN() und ERSETZEN() sein. Durch passende Verschachtelung kann das erste Vorkommen eines Textteils in einem String gesucht und durch einen anderen Textteil ersetzt werden. Der Unterschied zwischen SUCHEN() und FINDEN() besteht dabei lediglich in der Beachtung der Groß-/Kleinschreibung bei letztgenannter Funktion.

Will man nun in einem String *S* das erste Vorkommen eines Textteils *T1* durch einen Textteil *T2* ersetzen, so übergibt man als Parameter „Position" der Funktion ERSETZEN() den Rückgabewert von SUCHEN() bzw. FINDEN(), die ihrerseits jeweils einen Text und einen darin zu suchenden Textteil als Parameter erwarten und, falls gefunden, die Position innerhalb des Strings zurückliefern. Die zu ersetzende Länge kann mit der Funktion LÄNGE() ermittelt werden. Man erhält folgende Verschachtelung:

$$=ERSETZEN(S; \overbrace{SUCHEN(T1; S)}^{Position}; LÄNGE(T1); T2)$$

Eine weitere Möglichkeit zur Stringverarbeitung bietet die Funktion ROT13(), welche eine simple Methode zur Verschlüsselung von Texten darstellt. „ROT" steht dabei für „Rotation", „13" für die Anzahl der Stellen, um die rotiert werden soll. Bei Anwendung dieser Funktion auf einen String wird zu jedem Zeichencode des Strings die Zahl 13 addiert, ist der resultierende Wert größer als der des letzten Zeichens 'z' (die Betrachtung geschieht später für Groß-bzw. Kleinbuchstaben getrennt), so wird wiederum die Zahl 26, die Länge des Alphabetes, subtrahiert, sodass das Zeichen wiederum ein Klein- bzw. Großbuchstabe ist.

16

Ordnet man den Buchstaben *a...z* die Zeichencodes 0...25 zu, so ergibt sich folgende Umrechnung für einen Zeichencode *x*:

$$ROT13(x)=(x+13)\,mod\,26$$

Angewandt auf den ASCII-Code gilt für Kleinbuchstaben:

$$ROT13(x)=[(x+13-97)\,mod\,26]+97$$

Analog dazu für Großbuchstaben:

$$ROT13(x)=[(x+13-65)\,mod\,26]+65$$

Nachfolgend ist das Übersetzungsschema für eine ROT13-Verschlüsselung dargestellt:

0	1	2	3	4	5	6	7	8	9	10	11	12
A	B	C	D	E	F	G	H	I	J	K	L	M
↕	↕	↕	↕	↕	↕	↕	↕	↕	↕	↕	↕	↕
13	14	15	16	17	18	19	20	21	22	23	24	25
N	O	P	Q	R	S	T	U	V	W	X	Y	Z

Abb. 8 Umrechnungsschema einer ROT13-Verschlüsselung

Da 13 exakt der halben Länge des verwendeten Alphabetes entspricht, stimmen Ver- und Entschlüsselungsalgorithmus überein, exakt gilt:

$$
\begin{aligned}
ROT13(ROT13(x)) &= (((x+13)\,mod\,26)+13)\,mod\,26 \\
&= (((x+13)\,mod\,26)+(13\,mod\,26))\,mod\,26 \\
&= (x+13+13)\,mod\,26 \\
&= (x+26)\,mod\,26 \\
&= x\,mod\,26 \\
&= x\;\forall\,x<26
\end{aligned}
$$

4.3 Anwendung: Trennen von zwei Textteilen in einer Zelle

Eine konkrete Anwendung von Textfunktionen ist das Finden und Auftrennen von zwei Textteilen innerhalb eines Strings mithilfe eines Trennzeichens, was in Tabelle 5 „Stringfunktionen" dargestellt ist. Hierbei ist zunächst ein beliebiges Trennzeichen bzw. ein Trenn-String in Zelle C3 zu wählen, anschließend werden die in Spalte B ab Zelle B5 eingegebenen Strings auf Grundlage des Trennzeichens/-strings in einen linken und rechten Teilstring in den Spalten C und D sowie der jeweiligen Zeile zerlegt. Für den linken und ersten Teilstring wird die Funktion LINKS() benutzt, die eben dies, ein Anfangsteilwort, liefert und einen String sowie die Länge des Teilstrings als Parameter erwartet. Die Länge wiederum liefert indirekt die Funktion FINDEN(), welcher der Trennstring bzw. das Trennzeichen sowie der zu trennende String in Spalte B übergeben wird und die die gefundene Position liefert. Subtrahiert man davon nun 1 (der Anfang des Trenn-Strings selbst soll nicht mehr Teil der beiden Ergebnis-Strings sein), erhält man die erforderliche Länge für die Funktion LINKS(). Es ergibt sich also die Formel (im Beispiel für Zeile 5):

$$=LINKS(B5;FINDEN(\$C\$3;B5)-1)$$

Analog dazu wird für den rechten und zweiten Teilstring in Spalte D die Funktion RECHTS() mit dem zu teilenden String in Spalte B und der benötigten Länge des Teilstrings als Parameter, verwendet. Diese Länge wird nun aus der Länge des zu trennenden Strings, abzüglich der Längen des ersten Teilstrings sowie derjenigen des Trenn-Strings berechnet, woraus sich die folgende Formel für den rechten Teilstring ergibt:

$$=RECHTS(B5;LÄNGE(B5)-LÄNGE(C5)-LÄNGE(\$C\$3))$$

Unter Anwendung dieser beiden Formeln lässt sich nun beispielsweise der String „Max Mustermann" auf Basis des Trennzeichens „ " (Leerzeichen) in die beiden Teilstrings „Max" (linker Teilstring) und „Mustermann" (rechter Teilstring) zerlegen. Auch auf Telefonnummern, Adressen und Ähnliches lässt sich dieses Prinzip anwenden. Für genannte Telefonnummern ist nachfolgend ein Beispiel zu sehen, dabei findet eine Trennung in Vorwahl und Rufnummer statt, als Trennzeichen dient ein Schrägstrich („/").

	A	B	C	D
1				
2				
3		Trennzeichen:	/	
4				
5		0800/123456	0800	123456
6		0800/5555	0800	5555
7		0049/345579	0049	345579
8		049/345578	049	345578
9		08055/456235	08055	456235
10		08026/234747	08026	234747
11		08011/347345	08011	347345
12		08031/456346	08031	456346
13				

Abb. 9 Trennung von Vorwahl und Rufnummer
anhand des Trennzeichens „/"

5. Umrechnung der Darstellungsformen komplexer Zahlen

5.1 Die algebraische Form

Für mathematische oder physikalische Berechnungen hilfreich bzw. notwendig und dementsprechend auch für den Einsatz von Computern und Tabellenkalkulationen relevant ist die Verwendung von komplexen Zahlen. Diese Zahlenmenge erweitert die reellen Zahlen $\mathbb{R}$ derart, dass eine Gleichung

$$x = \sqrt{(-1)}$$

lösbar wird, als Lösung wird die *imaginäre Einheit i* eingeführt.
Eine komplexe Zahl z setzt sich nun aus einem Realteil $a := Re(z)$ sowie einem Imaginärteil $b := Im(z)$ zusammen, man schreibt:

$$z = a + b \cdot i \qquad \text{mit} \quad a, b \in \mathbb{R}$$

Diese Darstellung der komplexen Zahl z nennt man *algebraische Form* oder *Summenschreibweise,* sie ist ähnlich der *Paarschreibweise*, welche lautet:

$$z = (a; b)$$

Hierbei wird z als geordnetes Paar zweier reeller Zahlen dargestellt (siehe [11, S.20 ff.]).
Deutet man dieses Paar nun als Koordinaten eines Punktes, der z repräsentiert, so lässt sich dieser Punkt auf einer Ebene darstellen, eine solche Ebene wird als *Gaußsche Ebene* bezeichnet:

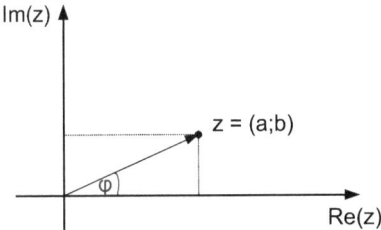

Abb. 10 Darstellung komplexer Zahlen in der Gaußschen Ebene

5.2 Die Polarform

Aus der Interpretation dieses Punktes als (Orts-)Vektor ergibt sich eine neue Darstellung, die *Polarform* einer komplexen Zahl. Diese besitzt als eindeutige Festlegungsmerkmale den Betrag des Vektors, sowie den Winkel φ, den der Vektor mit der Realteil-Achse einschließt.

Zunächst gilt für den Betrag von z nach dem Satz des Pythagoras:

$$|z|=\sqrt{(a^2+b^2)}$$

Der Betrag |z| ist also die Entfernung des Punktes zum Koordinatenursprung. Weiter gilt für den Winkel φ:

$$\tan\phi=\frac{\text{Im}(z)}{\text{Re}(z)}=\frac{b}{a}$$

Oft wird für die Eindeutigkeit des Winkels φ festgelegt:

$$-\pi \;<\; \phi \;\leq\; \pi$$

Da die Division für a = 0, wenn also anschaulich der Punkt auf der Imaginärteil-Achse liegt, problematisch ist, wird in diesem Fall definiert:

$$\phi=\frac{\pi}{2} \quad \text{für} \quad b>0$$

$$\phi=-\frac{\pi}{2} \quad \text{für} \quad b<0$$

Ist der Winkel φ bekannt, so gilt für a und b:

$$a=|z|\cdot\cos(\phi)$$
$$b=|z|\cdot\sin(\phi)$$

Übernimmt man dies in die algebraische Form der komplexen Zahl z und klammert deren Betrag |z| aus, so erhält man:

$$z=a+b\cdot i=|z|\cdot(\cos\phi+\sin\phi\cdot i)$$

Der Term *(cos φ + sin φ · i)* wird abkürzend mit *E(φ)* dargestellt, somit gilt:

$$z=|z|\cdot E(\phi)$$

Diese gleichberechtigte Darstellung wird *Polarform* von z genannt (nach [11, S. 31 ff.]).

5.3 Umrechnung zwischen den Darstellungen

Zusammenfassend gelten für die Umrechnung zwischen der Polarform und der algebraischen Form die folgenden bereits genannten Gesetzmäßigkeiten:

• $\quad a=|z|\cdot\cos(\phi)$
• $\quad b=|z|\cdot\sin(\phi)$
• $\quad |z|=\sqrt{(a^2+b^2)}$
• $\quad \tan(\phi)=\dfrac{b}{a}$

Abb. 11 Umrechnungsvorschriften für algebraische Form und Polarform

In Tabelle 6 „Komplexe Zahlen" ist eine Umrechnung in beide Richtungen möglich.

Zunächst kann eine komplexe Zahl in algebraischer Form in die Maske eingegeben werden, wobei für die betreffenden Zellen gilt: a := B3 und b := D3. In Zelle B8 wird nun der Betrag der komplexe Zahl nach der oben stehenden Vorschrift berechnet, hierbei wird die Funktion WURZEL() verwendet. Zusätzlich wird das Ergebnis gerundet, die entsprechende Anzahl der Dezimalstellen ist in Zelle C11 einzugeben. Ebenso wird die zweite Angabe der Polarform, der Winkel φ, in Zelle D8 berechnet. Dazu wird die Funktion ARCTAN2() verwendet, also die Arkustangens-Funktion mit alternativer Parameterliste. Im Gegensatz zu ARCTAN() erwartet ARCTAN2() anstatt des Tangens-Wertes ein geordnetes Paar von Koordinaten eines Punktes. Als Ergebnis liefert die Funktion dann den Winkel zwischen der x-Achse dieses Punktes und seines Ortsvektors. Diese Funktion wird benötigt, damit eine korrekte Unterscheidung des Vorzeichens getroffen (die Funktion bestimmt zuerst den Quadranten des Punktes), und eine Division durch a = 0 ausgeschlossen werden kann. Sollte der Punkt dem Koordinatenursprung entsprechen (B3 = D3 = 0), so wird ein beliebiger Winkel zugelassen, symbolisch dafür wird der variable Winkel „φ" ausgegeben.

Zuletzt wird das Ergebnis wiederum auf die in Zelle C11 angegebene Anzahl von Dezimalstellen gerundet, unter Verwendung der Funktion VERKETTEN() wird eine Ausgabe im Stil „E(φ)" erzeugt.

Analog dazu kann in den Zellen G3 und I3 eine komplexe Zahl in Polarform zur Umwandlung in die algebraische Form eingegeben werden. Für a und b wird zuerst jeweils überprüft, ob der Betrag der eingegeben komplexen Zahl nicht-negativ und der Winkel im Intervall]-π;π] liegt. Ist dies nicht der Fall, wird die Zeichenkette „Fehler" ausgegeben. Andernfalls werden a und b unter Zuhilfenahme der genannten Berechnungsvorschriften sowie der trigonometrischen Funktionen COS() und SIN() für den Kosinus- und Sinuswert des Winkels, berechnet. Bei beiden Ergebnissen findet eine Rundung auf die in Zelle H11 angegebene Anzahl von Dezimalstellen statt.

Die nachfolgende Abbildung zeigt die Tabelle mit den entsprechenden Eingabemasken.

Abb. 12 Eingabemasken zur Umrechnung der Darstellungen komplexer Zahlen

Quellenverzeichnis

Bücher

[3] Zimmermann, Martin (Hrsg.) Allgemeinbildung – Das muss man wissen Würzburg, Arena Verlag, 2. Auflage 2007

[7] Teschl, G., Teschl, S., Mathematik für Informatiker - Band 1 - Diskrete Mathematik und Lineare Algebra, Berlin/Heidelberg, Springer-Verlag, 3. Auflage 2008

[11] Dittman, H., Komplexe Zahlen, München, Bayerischer Schulbuch-Verlag, 4. Auflage 1995

Internetquellen

[1] www.dom-gymnasium.de/mathpage/5/dezimal/dezimal.htm

[2] de.bettermarks.com/mathe-glossar/al-chwarizmi.html

[4] www.mathezentrale.de/maya/maya1.htm

[5] www.fvss.de/assets/media/jahresarbeiten/inf/computer/2.htm

[6] www.mathepedia.de/Dezimalsystem.aspx

[8] www.mathepedia.de/Primfaktorzerlegung.aspx

[9] www.mathematik.uni-kassel.de/~hochmuth/ggt.pdf

[10] www.asciitable.com